AF299710

PHYSIOLOGIE

DE LA VOIX

ET DU CHANT.

PAR

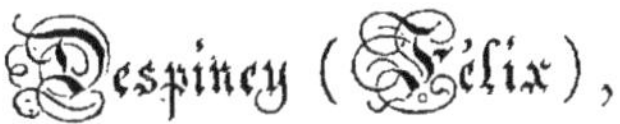

Despiney (Félix),

Docteur en Médecine de la Faculté de Paris, Membre correspondant de l'Académie royale de Médecine, Chirurgien en chef de l'Hôpital de Bourg, Membre de la Société de Médecine de Lyon, de Montpellier, etc.

Quid verum...... curo et rogo......
HORAT., *Epistola* I.

BOURG,

CHEZ BOTTIER, IMPRIMEUR-LIBRAIRE.

PARIS,	LYON,
CHEZ J.-B. BAILLIÈRE,	CHEZ CH. SAVY JEUNE,
rue de l'Ecole-de-Médecine.	Quai des Célestins, 48.

1841.

PHYSIOLOGIE

DE LA VOIX ET DU CHANT.

Quid verum...... curo et rogo......
HORAT., *Epistola* I.

*Déterminer par des recherches anatomiques, par des
expériences d'acoustique et par des expériences physiologiques quel est le mécanisme de la production de la voix
chez l'homme et chez les animaux mammifères.*

Telle est la question posée par l'Institut. D'avance,
j'avoue que la position de la ville que j'habite ne me
permet pas de me procurer tous les mammifères dont le
larynx serait nécessaire pour remplir les conditions des
recherches demandées. Mais il m'a paru que l'Institut,
en faisant un appel aux travaux des physiologistes, avait
surtout pour but de faire découvrir le mécanisme de la
voix humaine, celui du chant et des phénomènes qui en
résultent.

Empressé de répondre au désir de l'Académie, j'ai
cherché, j'ai fait des expériences sur l'homme et sur
quelques animaux. Après beaucoup d'efforts, beaucoup de
tâtonnemens, je crois être parvenu à trouver l'explication
de la phonation et de ses effets.

Il est inutile, je pense, de rappeler ici tous les travaux faits sur la voix depuis *Gailen* et *Fabrice d'Aqua-
pendente* jusqu'à nos jours. Ces citations, qu'on trouve
dans beaucoup d'ouvrages, ne serviraient qu'à prouver

1

la difficulté des recherches proposées ; elles seraient un luxe d'érudition trop facile et tout-à-fait inutile à l'Académie.

Mais il est quelques théories récentes qui, présentées sous l'appui d'un grand nom, sont répandues et admises dans le monde savant. Il ne serait sans doute pas convenable d'entrer en matière sans examiner ces théories.

Ainsi, M. Savart, dans un mémoire inséré dans le *Journal de physiologie expérimentale*, tome V, année 1825, publié par M. Magendie, expose une doctrine savante, fort ingénieuse, qui compte beaucoup de sectateurs. Il compare la glotte à l'appeau des oiseleurs ; il pense que « l'instrument vocal, considéré comme formé
« par les ligamens glottiques supérieurs et inférieurs,
« plus par les ventricules, représente cet instrument
« nommé appeau, que tous les phénomènes de la voix
« s'expliquent par la vibration de l'air contenu dans ces
« ventricules, et par les modifications qu'impriment
« encore aux vibrations les deux replis de membrane
« muqueuse qui flottent au-dessus de la glotte, replis
« que les anatomistes désignent sous le nom d'arythéno-
« épiglottiques. »

A ce sujet, j'ai fait quelques expériences et voici ce que j'ai observé :

1.° Dans un appeau, les ouvertures ou perforations circulaires qu'on voit sur les deux lames parallèles qui forment l'instrument, présentent des dimensions semblables. Cette égalité de dimension est indispensable pour la production des sons. Ainsi, j'ai fait construire des appeaux présentant sur une des lames un trou proportionné au volume de son corps, et sur l'autre lame un trou circulaire plus grand que le premier ; point de sons ne pouvaient être obtenus avec cet instrument, je dis sons clairs, éclatans, bien distincts; je ne produisais qu'un frôlement obscur, sans résonnance.

Quelquefois aussi, sur une des lames, j'ai fait le trou ovallaire, avec des dimensions plus grandes que celles du trou ovallaire aussi, existant sur la lame opposée, et toujours j'avais le même résultat, c'est-à-dire point de sons.

Or, dans la glotte, les lames inférieures, formées par les muscles thyro-arythénoïdiens inférieurs, peuvent bien se rapprocher assez pour représenter une ouverture proportionnée dans ses dimensions au corps de l'instrument, c'est-à-dire à l'intérieur des ventricules; mais l'ouverture supérieure, formée par les ligamens supérieurs de la glotte, ne pourra jamais atteindre un diamètre égal à celui de l'ouverture inférieure. Cette ouverture supérieure restera toujours plus grande que l'autre, d'abord parce que jamais les fibres qui la composent ne peuvent se contracter au point de circonscrire entre elles un espace assez étroit pour égaler l'ouverture inférieure; ensuite, parce que les ligamens supérieurs de la glotte sont sur un plan bien plus externe que celui des ligamens inférieurs.

2° J'ai pratiqué une et même deux perforations dans le corps du cylindre que représente un appeau, c'est-à-dire dans la lame circulaire qui réunit les deux lames parallèles; et, malgré ces perforations, j'ai obtenu des sons aussi intenses que lorsque cette lame circulaire était intacte.

3° J'ai fait construire des appeaux dont une des lames n'était pas soudée au corps de l'instrument; j'éloignai cette lame mobile du reste de l'appeau, et, en soufflant par l'un ou l'autre trou, j'obtenais des sons aussi forts que lorsque la lame restait soudée.

4° J'ai enlevé tout le corps de l'instrument (appeau), je veux dire la lame circulaire; je n'ai donc conservé que les deux lames parallèles …. Eh bien! si ces deux lames présentent des perforations égales, si ces deux lames sont placées bien parallèlement l'une à l'autre, si leurs ouvertures centrales passent exactement par la même ligne perpendiculaire, on obtient, même en éloignant ces lames à une ligne, une ligne et demie de distance l'une de l'autre, on obtient par l'insufflation des sons bien prononcés, presque aussi intenses que si l'instrument était intact. Et cependant, dans tous ces cas, il y a communication de l'air extérieur avec la colonne d'air comprise entre les deux lames.

De ces faits, ne peut-on pas conclure que c'est le brisement de la colonne d'air lancé par un des trous contre le trou opposé qui produit le son dans un appeau?

Du reste, je ne propose pas d'explication; je soumets simplement ces faits à l'observation.

Quant à la seconde partie de la théorie de **M. Savart**, savoir la vibration que peuvent éprouver les replis membraneux qui flottent au-dessus de la glotte, les expériences que je citerai plus tard apprendront ce que l'on doit penser à ce sujet.

Il est une autre théorie, bien répandue, qui a été l'objet d'un rapport fait par des commissaires, membres de l'Institut, c'est celle du docteur Bennati. Au premier abord, elle semble fondée sur des observations physiologiques et sur des faits pathologiques très-curieux. Elle est exposée dans un mémoire dont le but principal, ainsi que le dit le rapport, " est de faire connaître la part " que prend, dans la modulation de la voix, un organe « aux fonctions duquel, sous ce rapport, les physiolo-

« gistes ont donné assez peu d'attention, c'est le voile
« du palais, ou plutôt le détroit du gosier, formé en
« dessus par le voile du palais, sur les côtés par ses
« piliers, et en dessous par la base de la langue. »

Bennati admet des notes laryngiennes ou de premier registre, plus des notes sur laryngiennes ou de second registre. Cette distinction de notes généralement admises dans le langage musical, est encore représentée aujourd'hui par les mots *voix de poitrine*, et *voix de tête* ou *de fausset*.

Si ces expressions n'étaient employées que pour aider l'esprit à distinguer une nuance dans une série de tons, elles pourraient être conservées sans inconvénient; mais elles tendent à propager et à maintenir une grave erreur, savoir: que nous pouvons former des sons dans le larynx et au-dessus du larynx. J'ai dit *grave erreur*, parce que je prouverai bientôt, j'espère, que toutes les notes possibles, depuis les plus graves jusqu'aux plus aiguës, sont exclusivement formées par la glotte; et, de nos recherches, découleront aussi quelques préceptes d'hygiène et de thérapeutique.

Bennati admet, de plus, la fixation de l'os hyoïde, comme condition indispensable à la production de chaque son. Nous verrons jusqu'à quel point est vraie cette proposition.

Je commencerai par exposer mes recherches sur le larynx de l'homme, sur son mécanisme ou ses fonctions; je décrirai ensuite le larynx des animaux que j'ai pu me procurer. Le larynx humain étant établi comme point de comparaison, on comprendra plus facilement en quoi consiste la différence des autres.

Pour chercher le mécanisme de la phonation, j'ai pris

des larynx de tout âge, depuis l'enfant mort-né et l'enfant mort peu de jours après sa naissance, jusque chez le vieillard de 78 ans. J'en ai fait macérer plusieurs, j'en ai fait putréfier d'autres pour connaître quelles étaient celles des parties molles qui résistaient le plus,

Et d'abord, un cadavre étant donné, comment obtenir des sons par le larynx? Je coupe la trachée-artère à sa jonction aux bronches ; dans la trachée-artère j'introduis un tube, ordinairement en roseau, sur lequel je lie fortement la trachée. A ce tube j'applique le réservoir d'une musette que je remplis d'air à volonté, et dont j'expulse l'air par une pression que je gradue suivant mes désirs, ou bien je confie l'extrémité libre du roseau à un aide qui l'applique à sa bouche et souffle plus ou moins fort.

La musette que j'ai fait établir tout exprès pour mes expériences, m'est utile lorsque je veux prolonger l'insufflation contre une glotte, ou lancer contre elle avec force une grande masse d'air ; mais, habituellement, pour expérimenter je préfère la bouche d'un aide attentif. Eh ! bien, tout étant disposé comme je l'ai dit, je fais souffler et je n'obtiens aucun son distinct, c'est un simple frôlement de l'air contre les parois de la trachée, du larynx et de la voûte-palatine, etc. ; alors, j'ouvre la bouche du cadavre que je maintiens béante en interposant entre les dents un corps solide, j'introduis avec soin un linge dans la bouche et par la trachée jusqu'au larynx pour enlever les mucosités et le sang qui tapissent ordinairement ces cavités; je fais souffler de nouveau.... point de sons encore.... toujours le frôlement, le bruissement de l'air contre les parties indiquées.

Je fais une incision, ordinairement sur le côté droit

du col en suivant le bord du larynx, j'introduis mes doigts par cette incision, je reconnais la partie postérieure du cartilage cricoïde; j'arrive aux arythénoïdes que je rapproche, et j'obtiens dans le moment de l'insufflation des sons plus ou moins clairs. Il m'est arrivé quelquefois de ne pouvoir obtenir ainsi aucune note sonore, ce n'était qu'un son étouffé, obscur; je me suis aperçu que, dans ce cas, il arrivait que l'extrémité des doigts refoulait le pharynx dont la paroi postérieure se repliait au-dessus des arythénoïdes et interceptait ainsi partiellement le courant d'air.

Mieux vaut donc, pour obtenir la voix du larynx d'un cadavre, inciser longitudinalement la paroi postérieure du pharynx, et arrriver à nu sur les cartilages arythénoïdes. Ces cartilages étant ainsi rapprochés, vous produisez sans peine la phonation.

Cette nécessité du rapprochement des cartilages arythénoïdes pour la formation de la voix était déjà connue; elle est établie dans quelques ouvrages de physiologie. J'ai voulu la rappeler ici parce qu'elle est un fait d'une grande importance.

Avant d'étudier plus amplement le mécanisme de la phonation, examinons quelques parties de l'anatomie du larynx, je dis *quelques parties*, parce qu'il me semble tout-à-fait inutile de rappeler l'anatomie entière de cet organe si bien décrit dans les onvrages récens d'anatomie (*Meckel, cloquet, Cruveiller, etc.*).

1° *Cartilages arythénoïdes.*

J'ai souvent trouvé le bord antérieur de ces cartilages bifurqués, c'est-à-dire qu'en avant du bord antérieur

décrit par tous les auteurs, se voit une autre ligne cartilagineuse qui suit exactement la courbe de ce bord
antérieur, confondue par son extrémité inférieure avec
le cartilage arythénoïde et libre dans le reste de son
étendue. Cette ligne cartilagineuse (1) est couverte en
dehors par des fibres musculaires; en dedans, elle est
tapissée par la membrane muqueuse, ordinairement
elle se laisse facilement apercevoir à première inspection;
mais chez quelques sujets qui ont succombé à des
bronchites, des pneumonies, qui ont la muqueuse laryngienne engorgée, on ne peut voir cette division cartilagineuse du bord antérieur de l'arythénoïde qu'en dis-
séquant cette muqueuse.

2° *Muscles crico-thyroïdiens.*

Tous les anatomistes ne décrivent pas exactement
l'insertion supérieure de ces muscles. Leurs fibres, en
s'approchant du bord inférieur du cartilage thyroïde, se
divisent de telle manière qu'elles se fixent en nombre au
moins égal sur la face postérieure du cartilage thyroïde
et sur sa face antérieure. Ainsi le bord inférieur de ce
cartilage est logé dans la séparation en deux plans que
présentent les fibres musculaires.

Les auteurs ne s'accordent pas sur les usages de ces
muscles. Pour comprendre l'effet de leur contraction, il

(I) Pour m'assurer si cette ligne cartilagineuse ou cette division du
bord antérieur des arythénoïdes était d'une texture aussi dense que
celle des autres cartilages, j'ai fait long-temps macérer des larynx,
j'en ai laissé tomber d'autres dans une demi-putréfaction, et j'ai toujours vu ce second bord cartilagineux résister; sous la pression des
doigts il présentait encore de la fermeté, de l'élasticité.

suffit de tirer sur eux pour imiter cette contraction; alors on voit évidemment le cartilage thyroïde se rapprocher du cricoïde par un mouvement de bascule qui éloigne en même temps l'une de l'autre les deux parties du thyroïde.

3° *Muscles arythéno-épiglottiques.*

J'ai plusieurs fois trouvé des fibres musculaires bien apparentes, attachées au sommet des cartilages arythénoïdes; de là, se dirigeant parallèlement les unes aux autres, en haut et en avant, pour s'attacher sur les côtés de l'épiglotte. Ces fibres constituent le muscle arythéno-épiglottique de quelques auteurs; il existe de chaque côté dans l'épaisseur du repli muqueux arythéno-épiglottique.

La première fois que j'aperçus ces muscles bien prononcés, bien rouges et facilement distincts de la muqueuse, ce fut sur un homme de 23 ans dont la tête, qui venait d'être tranchée par la guillotine, fut laissée à ma disposition demi heure après l'exécution. Le muscle droit était plus fort que le gauche.

J'ai trouvé aussi, mais rarement, dans l'épaisseur de ces replis, les cartilages cunéiformes décrits par Meckel.

4° *Muscle arythénoïdien.*

Il est plus épais qu'on ne croit communément. Pour bien juger cette épaisseur il faut le couper perpendiculairement entre les deux arythénoïdes. Ses fibres musculaires présentent vraiment trois directions de fibres; les unes sont obliques à droite, les autres obliques à gauche. Fixées sur les tubercules qui sont à la partie postérieure de la circonférence supérieure du cartilage cricoïde, elles se dirigent de manière que celles qui s'insèrent sur le tubercule gauche vont s'attacher à la face interne de l'arythénoïde droit, *et vice versâ.*

On comprend que ces fibres, trouvant un point d'appui fixe sur le cricoïde, ont plus de force pour opérer le rapprochement des cartilages arythénoïdes.

Les fibres transverses sont étendues horizontalement d'un arythénoïde à l'autre.

M. *Cruveillier,* Anatomie descriptive, 2e vol., pag. 672, dit que le muscle arythénoïdien s'insère en dehors du bord externe des cartilages arythénoïdes, de manière que par sa contraction il doit éloigner les lames vocales l'une de l'autre. Cette description n'est pas exacte, puisque les fibres musculaires s'attachent bien évidemment à la face interne de ces cartilages, face qui est concave et plus large qu'on ne croirait si on n'enlevait pas toute cette insertion. L'usage qu'il attribue au muscle arythénoïdien est aussi une erreur, puisqu'en resserrant ce muscle on voit toujours les cartilages arythénoïdes se rapprocher.

M. Curveillier est, du reste, le seul auteur, je crois, qui donne de ce muscle une telle description et qui lui suppose un tel usage.

5° *Muscle crico-arythénoïdien latéral.*

Ce muscle triangulaire, à base antérieure et sommet postérieur, s'attache de chaque côté, en avant, sur le tiers moyen de la circonférence supérieure du cartilage cricoïde. Le tiers antérieur de cette même circonférence se courbe et s'abaisse en avant pour donner attache à la membrane crico-thyroïdienne. Le tiers postérieur du

cartilage cricoïde est couvert par le muscle crico-arythénoïdien postérieur.

Le muscle crico-arythénoïdien latéral est quelquefois
bien distinct du muscle thyro-arythénoïdien, d'autres
fois il paraît confondu avec lui.

Son attache postérieure existe en dehors de la base
du cartilage arythénoïde. — Il rapproche les cartilages
arythénoïdes.

6° Muscle thyro-arythénoïdien.

Il est très-épais ; en avant, il s'attache dans l'angle
rentrant du cartilage thyroïde, depuis la partie inférieure
de cet angle rentrant jusqu'à 5 ou 6 lignes de hauteur
sur ce même angle. On voit quelques fibres de cette insertion antérieure se fixer sur la membrane crico-thyroïdienne.

Les fibres de ce muscle se dirigent, parallèlement les
unes aux autres, en arrière, vers les cartilages arythé-
moïdes sur la base desquels elles se fixent, en dehors de
l'apophyse antérieure de ces cartilages.

Son bord inférieur répond d'abord à une partie de la
membrane crico-thyroïdienne, puis, dans tout le reste
de son étendue, au bord supérieur du muscle crico-arythénoïdien latéral. Ce muscle est plus large antérieurement que postérieurement.

Son bord supérieur borne inférieurement l'ouverture
du ventricule et forme le plancher de ce ventricule ; il est
très-épais ; il présente des fibres aponévrotiques fortes,
blanches, nacrées, placées en dedans des fibres musculaires et légérement inclinées sur l'axe de la trachée : ces
fibres aponévrotiques qu'on a long-temps appelé cordes
vocales ne forment pas le tendon du muscle thyro-arythé-

noïdien; elles sont embrassées par ce muscle et seules constituent, selon nous, *les lames vocales.*

Ces lames représentent un faisceau triangulaire qui est vraiment isolé par trois bords: 1° le bord supérieur incliné en haut et en dedans sur la trachée; 2° le bord interne, large, confondu avec le reste du muscle et répondant à l'intérieur de la trachée; 3° le bord externe, incliné en dehors, se confondant aussi avec le muscle et formant la paroi interne et inférieure du ventricule.

7° *Muscle thyro-arythénoïdien supérieur.*

Au-dessus de ce muscle que je viens de décrire, existe un autre faisceau musculeux que j'appelerai muscle tyro-arythénoïdien supérieur. — Les fibres qui le composent sont moins prononcées que celles qui forment le muscle thyro-arythénoïdien inférieur, mais elles existent constamment et à tout âge : dans tous les larynx que j'ai disséqués, je les ai toujours trouvées. Ces fibres musculaires s'insèrent antérieurement à l'angle rentrant du cartilage thyroïde, directement au-dessus de l'insertion du muscle thyro-arythénoïdien inférieur. Cette insertion est légèrement distante de celle du côté opposé, d'une ligne à-peu-près, tandis que l'attache des *lames vocales* sur le thyroïde est confondue en un seul point. Les muscles thyro-arythénoïdiens supérieurs se dirigent symétriquement au-dessus des inférieurs, en s'éloignant l'un de l'autre à mesure qu'ils arrivent aux cartilages arythénoïdes, et décrivent quelquefois une très-légère courbure à concavité interne, plus en dehors que celle représentée par les lames vocales; ils viennent s'attacher à ce second bord des cartilages arythénoïdes lorsqu'il existe et que j'ai décrit; lorsque cette division du bord antérieur ary‑thénoïdien n'existe pas, ils s'insèrent à la face externe des cartilages arythénoïdes, au‑dessus de l'attache des muscles thyro‑arythénoïdiens inférieurs avec laquelle ils s'unissent.

Le bord interne du muscle thyro‑arythénoïdien supérieur présente aussi quelques fibres aponévrotiques, moins épaisses, moins résistantes que celles qui forment les lames vocales.

On voit par fois des fibres se détacher de ce muscle pour aller se perdre sur les côtés de l'épiglotte. Il envoie aussi, de même que le muscle thyro‑arythénoïdien inférieur, quelques fibres qui vont tapisser le fond des ventricules contenus de chaque côté entre ces deux muscles. J'ai dit que le bord interne de ce muscle présentait des fibres aponévrotiques qui forment le bord supérieur du ventricule et par leur résistance le maintiennent constamment ouvert. Dans les expériences de macération et de demi‑putréfaction auxquelles j'ai soumis des larynx, j'ai reconnu que les lames vocales résistent long‑temps, qu'elles conservent de la résistance, de la densité; que lorsqu'on les met en état de tension, elles peuvent encore donner quelques vibrations, tandis que les cordons thyro‑arythénoïdiens supérieurs, deviennent promptement mous et s'altèrent facilement.

Les muscles thyro‑arythémoïdiens supérieurs rapprochent les cartilages arythénoïdes.

MÉCANISME DE LA PHONATION.

Ici se trouve la difficulté de la question. Pour moi j'affirme que les différens sons de la voix humaine sont produits par les *lames vocales* ou *lames thyro-arythé-noïdiennes inférieures* (1)

Toutes les autres parties de l'appareil de la phonation ne jouent qu'un rôle très-secondaire.

La voix humaine se compose de sons graves (basse et baryton), de sons aigus (contre-alto-soprano, etc.), de sons intermédiaires (ténors). On a remarqué qu'elle pouvait parcourir trois octaves.

Voyons, dans un larynx, comment se forment les notes du medium, les notes aiguës et enfin les notes graves.

Prenons un larynx ausssi frais que possible, je veux dire aussitôt qu'il sera permis de l'enlever sur un cadavre; conservons la trachée dans toute sa longueur, puis enlevons le larynx en le laissant uni à l'os hyoïde et à la langue. Le pharinx sera fendu dans sa partie posté-rieure et tout le larynx soigneusement essuyé dans ses cavités. Je fais souffler par un aide dont la bouche est appliquée au tube fixé à la partie inférieure de la trachée; on comprend que je ne mets ce tube que pour empêcher le contact des lèvres de l'aide avec une trachée de cadavre.

Je rapproche légèrement les cartilages arythénoïdes, de manière à simuler l'action plus ou moins forte des muscles arythénoïdiens, et j'obtiens des sons qu'on reconnaît facilement pour être ceux d'une voix humaine.

Il serait curieux de s'assurer si cette voix d'un cada-

(I) Notons bien que toutes les fois que, dans le cours de ce Mémoire, je dis *lames vocales*, j'entends désigner les lames thyro-arythé-noïdiennes inférieures. C'est à elles seules qu'appartient cette déno-mination puisqu'elles seules vibrent. — Pour désigner les replis thyro-arythénoïdiens supérieurs, je dirai *cordons* ou bords glottiques supérieurs.

vre rappelle exactement celle que le même homme avait à l'état de vie et de santé. Je n'ai pu vérifier cette particularité; seulement, après la mort d'individus que j'avais pu observer malades, j'ai presque toujours retrouvé une grande similitude entre leur voix de cadavre et leur voix pendant la maladie (1).

Il est reconnu, comme nous l'avons déjà dit, que le rapprochement des cartilages arythénoïdes est nécessaire à la formation de la voix sur le cadavre; il en est de même pendant la vie: les expériences faites sur un grand nombre d'animaux me l'ont prouvé. Par conséquent, la phonation est un phénomène actif, dépendant de la volonté, phénomène qui exige une contraction musculaire, celle du muscle arythénoïdien. Dans l'état de repos, la glotte ne vibre pas (disons une fois pour toutes que, par *glotte*, nous entendons l'espace compris seulement entre les lames vocales); si on l'examine telle qu'elle se présente sur un cadavre, on voit qu'elle est triangulaire; le sommet du triangle est très-aigu, il est antérieur; les angles postérieurs sont arrondis; dès qu'on rapproche légèrement les cartilages arythénoïdes, elle devient ovalaire. J'ai vu, dans quelques larynx, la glotte en repos présenter ses bords ou ses lèvres presque parallèles, c'est-à-dire qu'ils étaient rapprochés postérieurement plus qu'ils ne le sont dans la majorité des larynx observés.

Ceci posé, il devient facile de comprendre pourquoi l'insufflation par la trachée ne produit pas de sons dans une glotte en repos. Les bords de cette glotte, en effet,

(I) il est bien entendu que pour chercher cette similitude, il faut laisser le larynx en place sur le cadavre, autrement le timbre serait changé.

sont trop éloignés l'un de l'autre pour intercepter le passage de l'air; ils ne reçoivent pas alors une impulsion assez forte pour vibrer; mais si l'on rapproche les cartilages arythénoïdes, comme le ferait la contraction arythénoïdienne, ces bords glottiques resserrent l'intervalle qui les séparait; la colonne d'air, chassée par l'expiration, les rencontre et les met en vibration (1).

Ainsi, voilà produite la voix habituelle, la voix ordinaire.

Dans ce premier rapprochement des cartilages arythénoïdes opéré par la contraction du muscle arythénoïdien, une partie seulement de la face interne des arythénoïdes est en contact. Mais resserrez fortement le muscle arythénoïdien, en d'autres termes, rapprochez davantage les cartilages arythénoïdes l'un contre l'autre, vous voyez alors les tubercules de Santorini se rencontrer d'abord, puis se déjetter en arrière et s'arranger de manière que le droit passe ordinairement sous le gauche (2). Si les cartilages arythénoïdes n'avaient formé qu'une seule pièce avec les cartilages de Santorini, si ces derniers n'étaient pas mobiles sur les premiers, le renversement de ces petits cartilages ne pourrait pas avoir lieu, et le rapprochement des arythénoïdes eût été très-

(I) Quand on parle à voix basse, la glotte est en repos, c'est-à-dire que le muscle arythénoïdien ne l'a pas mise en état de vibrer par le rapprochement des arythénoïdes. — Il n'y a donc qu'un frôlement de l'air.

(2) Lorsque les tubercules de Santorini sont en contact, on voit au-dessous d'eux un petit espace presque circulaire, borné en bas par la partie moyenne du bord supérieur du muscle arythénoïdien. — Dans plusieurs expériences, j'ai cherché si ce petit espace jouait un rôle dans la formation de quelques notes. — Je me suis convaincu que les bords qui le circonscrivent ne peuvent donner aucune vibration.

limité. On comprend ainsi pourquoi ces cartilages de Santorini sont toujours mobiles, même dans l'âge le plus avancé. Maintenant, embrassez avec les doigts tous les cartilages arythénoïdes, c'est-à-dire vos doigts étant portés sur le bord externe des arythénoïdes et sur leur base, rapprochez ces bases, amenez au contact les deux apophyses antérieures des arythénoïdes; alors si, pendant que vos doigts ont pratiqué ainsi une compression graduelle sur les arythénoïdes, l'insuflation a été continuée par la trachée, vous entendrez des sons dont l'élévation se manifeste aussi graduellement.

Or, dans ces expériences, qu'est-il arrivé? C'est que les lames vocales ont éprouvé un rapprochement normal d'abord, c'est-à-dire celui qui est nécessaire à la production de la voix ordinaire; la pression ayant continué, les deux apophyses antérieures des arythénoïdes se rencontrent, elles pressent l'une contre l'autre; alors les lames vocales, sur le plus grand nombre des larynx, sont diminuées de moitié dans leur étendue antero-postérieure. J'ai trouvé quelques larynx où cette diminution de longueur dans les lames vocales n'était pas exactement de moitié, mais de plus d'un tiers; j'en ai vu d'autres où cette section de la lame vocale était exactement d'un tiers, de sorte qu'antérieurement il restait les deux autres tiers pour vibrer.

Voyez une glotte à l'état d'immobilité; à travers les fibres aponévrotiques que constituent les lames vocales, vous apercevez cette apophyse antérieure faire une légère saillie, se dessiner comme un point plus ou moins apparent, suivant les âges, suivant les individus. Ces deux petits tubercules sont toujours séparés plus ou moins l'un de l'autre; ils ne sont jamais en contact, à

2

moins que vous n'ayez en main un larynx très-mou, sans consistance, soit qu'un commencement de putré-faction ait ramolli les tissus, soit que cette molesse tienne au genre de maladie et de mort, ou bien encore qu'en voulant essuyer la cavité laryngienne, nous n'ayez dérangé la position naturelle des parties.

J'ai disséqué le larynx d'un vieillard de 75 ans, homme grand, très musculeux, qui m'a présenté dans la glotte une disposition remarquable q e je n'avais pas encore rencontrée ; c'est que ce point qui établit ordinairement intersection dans la moitié de la longueur des lames vocales faisait une saillie très-forte dans la glotte, de telle manière que cette glotte semblait divisée en deux parties égales, une antérieure ovalaire, l'autre posté-rieure composée de deux bords parallèles.

Je l'ai esquissée ici rapidement pour en donner un aperçu.

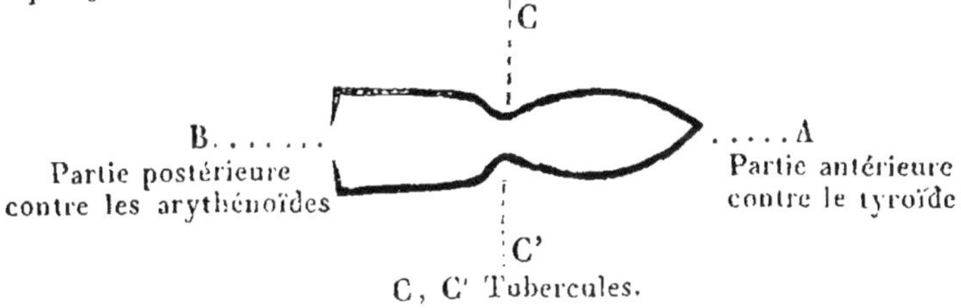

Plus tard, j'ai trouvé une seconde fois la même disp o-sition sur un larynx de femme de 40 à 50 ans.

Je n'ai pu obtenir aucune donnée sur leur voix à l'é-tat de santé. Ces notions sur les points saillans que les apophyses antérieures des cartilages arythénoïdes for-ment à travers les lames vocales me paraissent bien importantes ; elles expliquent déjà un moyen dont notre larynx se sert pour diminuer rapidement la longueur des lames vocales, et par conséquent l'espace compris entre les lèvres de l'anche humaine.

Jusqu'à présent nos doigts seuls ont opéré le rapprochement des arythénoïdes, et par conséquent des lames vocales.

Mais quels muscles peuvent graduellement conduire ces arythénoïdes jusqu'au rapprochement voulu pour l'intersection des lames thyro-arythénoïdiennes inférieures? Voici ce que de nombreuses recherches, des essais multipliés m'ont appris.

Après le rapprochement plus ou moins exact des arythénoïdes, déterminé par la contraction plus ou moins forte des muscles arythénoïdiens, vient l'effet produit par les muscles crico-arythénoïdiens latéraux et, en dernier lieu, par les muscles thyro-arythénoïdiens supérieurs.

Les muscles crico-arythénoïdiens latéraux rapprochent les cartilages arythénoïdes plus que le muscle arythénoïdien, et moins que les muscles thyro-arythénoïdiens supérieurs (1); ce sont ces derniers qui, prenant un point d'appui sur l'angle rentrant du thyroïde, amènent au contact les apophyles antérieures des arythénoïdes.

Les cartilages arythénoïdes jouent donc un rôle tout-à-fait passif dans la phonation; ils ne vibrent jamais; ils ne servent que de point d'appui aux lames vocales, et de point d'insertion aux muscles qui font varier la longueur et la largeur de l'anche humaine. Cette assertion sera encore mieux prouvée lorsque nous aurons étudié l'action des muscles qui forment les sons graves. Plaçons ici, en passant, une observation nécessaire, c'est que les cartilages arythénoïdes ne sont pas mis en

____

(1) Si ces muscles n'existaient pas, les thyro-arythénoïdiens inférieurs produiraient le contact de ces apophyses antérieures.

mouvement directement d'avant en arrière, ni de dehors en dedans, mais dans une ligne intermédiaire à ces
deux directions.

Pour avoir la conviction que les muscles que j'ai
nommés produisent l'effet indiqué, il suffit d'imiter leur
contraction, en agissant sur eux soit avec les doigts,
soit avec des pinces. Il est inutile de dire que cette traction sur les muscles doit toujours être faite dans le sens
de leurs fibres.

Nous avons laissé la glotte diminuée de moitié ou à-
peu-près, par l'intersection qu'a produite sur les lames
vocales la jonction des tubercules. Dans cette position,
on voit un espace elliptique compris entre deux lames
blanches, nacrées, brillantes, résistantes comme un
tendon, lames isolées, comme je l'ai dit, de trois côtés.
Ces lames arc-boutent ensemble par leur extrémité postérieure et antérieure.

Si, alors, l'aide lance de l'air par la trachée, on voit,
on entend ces lames vibrer ; elles donnent des sons plus
aigus que ceux obtenus précédemment ; mais cette acuité
va augmenter encore si nous rétrécissons l'espace qu'elles
laissent entre elles. Pour cela, saisissez par leur partie
moyenne les deux lèvres de cette anche, serrez-les graduellement avec les extrémités de pinces à disséquer,
ou bien encore comprimez lentement les deux parties
latérales du cartilage thyroïde, de manière à rapprocher
de plus en plus, l'une de l'autre, les deux lames vocales,
vous obtiendrez des sons très aigus qui arrivent jusqu'au
summum de l'acuité. Si vous serrez trop, soit avec les
doigts sur le thyroïde, soit avec les pinces sur les lames
vocales, vous fermez complètement la glotte et n'avez
plus de sons.

Ces notes aiguës sont plus difficiles à obtenir que celles du medium ; il faut plus d'efforts dans l'insufflation. Du reste, l'expérience sur le cadavre est, ici, d'accord avec ce qui se passe dans la vie, ou les notes sur-aiguës demandent, pour leur formation, plus d'efforts de la part du chanteur que celles qui occupent une ligne moins élevée dans l'échelle musicale. L'effet de resserrement que, dans cette expérience, on obtient par les doigts ou par les pinces est déterminé, sur un larynx vivant, par la contraction graduée des muscles thyro-aryithénoïdiens inférieurs. Nous aurons occasion de revenir sur ce sujet (1).

Pour la formation de ces notes sur-aiguës, le larynx trouve une puissance fortement auxiliaire dans les muscles hyo-thyroïdiens. Le dernier auteur, que je sache, qui ait écrit sur la voix, Bennati dit « que l'os hyoïde est fixé « pour chaque son, afin de faciliter la contraction des « muscles du larynx et amener les notes. » (2).

Cette assertion est évidemment une erreur, car les sons de medium et les sons graves se produisent très-bien sans l'intervention de l'os hyoïde, ce que nous prouverons aisément à mesure que nous avancerons dans notre exposition du mécanisme vocal.

Nous avons déjà expliqué comment les notes du me-

(I) Remarquons que les muscles constricteurs sont placés autour de la glotte de telle manière qu'ils deviennent plus forts, plus puissans à mesure que, par leur insertion, ils se rapprochent du centre de la glotte.

(2) Lorsque ce Mémoire a été envoyé à l'Institut, je n'avais pas connaissance des recherches de M. Muller, professeur d'anatomie à Berlin, faites aussi sur la voix et envoyées au même concours. Je viens de me procurer son ouvrage imprimé depuis peu et plein d'expériences très-savantes et très-ingénieuses.

dium pouvaient être formées, et l'os hyoïde n'a pas eu besoin d'y jouer un rôle.

L'hyoïde ne sert vraiment que pour aider à former les notes les plus aiguës.

Tous les auteurs disent, tous les observateurs annoncent que, dans la projection de notes élevées, le larynx remonte et se jette en avant. Ils expliquent ce fait par la nécessité de raccourcissement du tube sur-laryngien dans la formation de ces notes élevées; mais une autre explication plus juste résulte de mes recherches; c'est que, lorsque les muscles hyo-thyroïdiens doivent agir sur le larynx, ils prennent un point d'appui sur l'os hyoïde. Pour fournir ce point d'appui, il faut que l'hyoïde soit fixé par la contraction des muscles milo-hyoïdiens, génio-hyoïdiens, etc. — Cette fixation de l'os hyoïde étant établie, les muscles hyo-thyroïdiens se contractent (1), élèvent le cartilage thyroïde et impriment un léger mouvement de bascule à ses parties latérales; or, dans cette contraction des muscles hyo-thyroïdiens et dans ce mouvement des parties latérales du thyroïde, qu'arrive-t-il ? Prenez un larynx séparé d'un cadavre, conservant et ses rapports avec l'os hyoïde et tous les muscles qui s'y attachent; fixez fortement le cartilage cricoïde, tirez en haut et un peu en avant l'os hyoïde de manière à imiter la contraction des muscles hyo-thyroïdiens..... Vous voyez alors les lames vocales que nous avons laissé rapprochées par la contraction du muscle thyro-arythénoïdien supérieur jusqu'au contact des tubercules arythénoïdiens; vous voyez, dis-je, les

(1) Remarquons que ces muscles s'attachent obliquement sur le thyroïde, précisément dans l'endroit qui répond aux lames vocales.

lames vocales présenter plus de tension, devenir légèrement concaves supérieurement (1), et donner des notes d'autant plus élevées que vous tirez plus fortement sur l'os hyoïde. J'ai été bien étonné et j'ai beaucoup admiré la première fois que j'ai vu ce résultat.

Bien souvent j'ai recommencé l'expérience ; j'ai quelquefois observé que cette contraction des muscles thyrohyoïdiens, toujours représentée par la traction que j'exerçais sur eux ou sur l'os hyoïde , éloignait légèrement l'une de l'autre les lames de l'anche humaine, et cependant, en tirant de plus en plus, j'obtenais tonjours des notes dont l'acuité augmentait. J'avais peine à me rendre compte de cet effet, puisque la glotte devenant plus ouverte aurait dû produire des notes moins aiguës. Il contrariait le résultat d'autres expériences..... Mais à force de recommencer cette expérience , je suis arrivé à comprendre le fait, et voici l'explication :

Lorsque la glotte est dans l'état où l'ont placée les muscles thyro-arythénoïdiens supérieurs, si les muscles thyro-arythénoïdiens inférieurs , ceux qui embrassent entre eux les lames vocales, viennent à se contracter, ils resserrent graduellement ces lames qui sont restées concaves entre elles; la glotte alors diminue et des sons aigus s'obtiennent. Je rappelle ici ce que j'ai déjà dit plus haut.

____

(I) Dans ce cas, la glotte présente en effet deux concavités I° celle qui reste entre ses lames ; 2° une concavité de totalité, je veux dire que les extrémités antérieures et postérieures sont légèrement tirées en haut , et le milieu reste plus déprimé. — J'ai vu aussi quelquefois, au moment où les notes sur-aiguës s'échappent, la glotte soulevée par ce courant d'air, de sorte qu'elle présentait une courbure à convexité supérieure et concavité inférieure, par conséquent toute contraire à celle que je viens d'indiquer au n° 2.

Pour me faire mieux comprendre, supposons une glotte présentant dans son ouverture normale dix lignes de longueur, c'est-à-dire dans sa dimension antéro-postérieure. — Par le contact des tubercules elle n'a plus que cinq lignes de longueur; à mesure que le muscle thyro-arythénoïdien si fort, si puissant se contracte, ces cinq lignes qui restaient peuvent diminuer par fraction de lignes jusqu'à l'oblitération complète. Mais pendant que cette contraction s'opère, que les muscles hyo-thyroïdiens entrent en action, alors on voit ces lames vocales présenter plus de tension, devenir plus brillantes, et on entend les sons sur-aigus.

J'avance donc ici une assertion d'une grande portée, c'est que les lames vocales, comme lèvres de l'anche humaine et non comme cordes, peuvent présenter plus ou moins de tension; c'est que dans les notes aiguës, le larynx a, pour leur formation, deux moyens, l'un le rapprochement graduel des lames vocales; l'autre, leur tension plus ou moins forte.

J'avoue que, plusieurs fois après avoir observé cette tension variable des lèvres glottiques, je doutais encore de cette possibilité, je croyais me tromper; mais je l'ai observé si souvent que je suis arrivé à cette conviction, que la glotte peut varier ses notes suivant les degrés de la dimension de ses diamètres et suivant la tension des lames qui la forment.

De plus, en étudiant le mécanisme des notes graves, j'ai encore retrouvé ce phénomène de tension plus ou moins grande.

En recommençant souvent sur des larynx l'expérience de la formation des notes aiguës, il m'est arrivé, plus d'une fois, d'obtenir une série de notes presque conformes à un: gamme régulière, ascendante, gamme diatonique.

Pour terminer, je conclus que les notes les plus élevées sont données par les lames vocales *sous l'influence combinée de la contraction des muscles thyro-arythénoïdiens inférieurs et hyo-thyroïdiens.*

Examinons maintenant le mécanisme laryngien dans les notes graves.

Ce sont elles, ces notes de basse, de baryton que j'ai eu le plus de peine à trouver sur le cadavre.

Puisque les notes aiguës, me disais-je, s'obtiennent par la diminution graduelle des diamètres de la glotte, les notes les plus graves doivent se produire dans la plus grande amplitude de la glotte. J'ouvrais donc la glotte, le plus possible, en pressant sur les muscles crico-arythénoïdiens postérieurs, et malgré tous les efforts d'insufflation, je n'obtenais aucun son. J'ai souvent recommencé, varié l'expérience et toujours ces notes de basse m'échappaient.

Enfin, après bien des tâtonnemens, je suis arrivé à reconnaître que pour les produire, il faut, avant tout, rapprocher les cartilages arythénoïdes au premier degré. C'est la même condition que celle que nous avons reconnue indispensable pour obtenir la voix ordinaire. Ainsi que je l'ai déjà plus d'une fois dit, la glotte, dans l'état de repos, d'immobilité normale, ne vibre pas; pour la formation d'un son, il faut toujours ce premier rapprochement des cartilages arythénoïdes.

Ceux-ci étant donc au point voulu, tirez plus ou moins fortement sur les muscles crico-arythénoïdiens postérieurs pour imiter leur contraction; vous obtiendrez aussitôt des sons dont la gravité augmente ou diminue suivant le degré de contraction de ces muscles.

Et dans ce cas qu'arrive-t-il ? c'est que les lames vocales, au lieu de laisser subsister entre elles le petit intervalle plus ou moins elliptique qu'avait formé le rapprochement arythénoïdien, deviennent presque parallèles par l'effet de la contraction des crico-arythénoïdiens postérieurs, et suivant la force de cette contraction, l'intervalle qui sépare ces lames parallèles augmente ou diminue; mais elles restent toujours assez rapprochées l'une de l'autre pour recevoir l'impulsion de l'air et vibrer.

Lorsqu'on veut obtenir du larynx des sons graves, il faut avec l'annulaire et le petit doigt de la main gauche agir sur les muscles crico-arythénoïdiens postérieurs, plus, avec le pouce et l'index de la même main, rapprocher les cartilages arythénoïdes.

J'indique cette manière de faire, parce qu'avant d'avoir trouvé ce procédé, je ne pouvais agir simultanément sur toutes ces parties à la fois et que les doigts d'un aide gênent l'expérimentateur.

Voulez-vous encore changer la gravité de ces sons, maintenez toujours les cartilages arythénoïdes dans un certain degré de rapprochement, plus, imitez la contraction des muscles crico-thyroïdiens; alors on voit deux effets se produire, 1° le renversement du cartilage thyroïde sur le cricoïde; 2° l'éloignement l'une de l'autre des faces latérales du thyroïde, d'où résulte une tension plus grande des lames vocales, un agrandissement dans le diamètre antéro-postérieur de la glotte, et enfin un autre agrandissement graduel dans son diamètre transverse.

Les muscles sterno-thyroïdiens favorisent l'effet du crico-thyroïdien. J'ai reconnu aussi que moins les lames vocales sont tendues, que plus elles sont longues, plus les sons deviennent facilement graves et moins il faut de force au courant d'air.

Ainsi l'anche humaine augmente ou diminue la tension de ses lames, soit dans la formation des notes graves, soit dans la production des notes aiguës.

Ce phénomène est bien remarquable; il concourt à nous faire comprendre toute l'étendue de la puissance laryngienne dans le chant et dans ses effets. Il peut nous surprendre d'autant plus que rien de semblable n'existe dans les anches de nos instrumens.

Qu'en conclure.... sinon que l'homme n'a pas encore bien compris tout le mécanisme des fonctions qu'exécute son organisation, et que son génie n'a pas encore su imiter tout ce qu'il a compris.

Une autre réflexion se présente, c'est que dans la formation des sons aigus et des sons graves, le thyroïde représente les cartilages arythénoïdes. Je veux dire que certains muscles agissent sur ce thyroïde pour mouvoir les lames vocales, de même que d'autres agissent sur les arythénoïdes pour donner aussi une impulsion à ces mêmes lames. Le thyroïde agit sur leur extrémité antérieure, et les arythénoïdes sur leur extrémité postérieure.

Le mouvement de bascule qui tend les lames vocales postérieurement, mouvement opéré par les muscles crico-arythénoïdiens postérieurs, est parfaitement représenté par la mobilité du thyroïde en avant et en bas sur le cricoïde. déterminé par le muscle crico-thyroïdien.

On voit que tout le mécanisme de la phonation que je viens d'exposer, est le résultat d'études faites sur le larynx de l'homme. Il faut étudier l'homme dans l'homme lui-même; tous les rapprochemens tirés de l'étude faite sur les animaux ne sauraient être rigoureusemeut appliqués à l'homme.

Disons, pour ceux qui voudraient répéter nos expériences, qu'il n'est presque point de larynx qui se ressemblent dans leurs détails anatomiques, qu'il en faut voir et disséquer et expérimenter beaucoup pour se former une opinion; que surtout il ne faut pas pour l'étude de la phonation se servir de larynx trop jeunes; les cartilages sont trop mous, ils plient sous les doigts, ils se prêtent mal aux expériences, et donnent des résultats infidèles.

Les larynx vieux sont trop durs, les articulations trop peu mobiles, et le cartilage thyroïde en partie ossifié ne cède plus à la contraction musculaire. C'est précisément ce changement d'organisation qui rend tremblante, mal assurée la voix des vieillards.

Pour toutes les expériences laryngiennes, il faut absolument des larynx adultes.

En commençant à exposer le mécanisme de la phonation, j'ai affirmé que tous les sons que peut donner la voix humaine, sont exclusivement produits par les vibrations des lames vocales.

Prouvons d'abord que ni les ligamens thyro-arythénoïdiens supérieurs, ni les cartilages arythénoïdes ne peuvent donner de vibration.

Pour cela, je coupe en travers et dans toute leur épaisseur les replis supérieurs de la glotte, et tous les sons que j'obtenais d'un larynx, avant cette section, restent exactement les mêmes. Il faut prendre garde, dans cette expérience, que les bords de la section ne tombent sur les lames vocales, parce qu'alors ce contact empêche leur vibration. J'ai vu ce fait se présenter lorsque ces replis glottiques supérieurs sont très-mous; alors je retranchai entièrement ces replis thyro-arythénoïdiens supérieurs, et les sons graves ou aigus s'échappaient avec la même facilité lorsque mes doigts plaçaient les lames vocales en situation convenable.

Pour les cartilages arythénoïdes, je les ai coupés en travers, réséqués au niveau du muscle arythénoïdien qui se trouve ainsi mis à nu par son bord supérieur, et lorsqu'avec mes doigts, je représentais l'effet des muscles qui ouvrent ou ferment la glotte, j'obtenais les mêmes sons qu'avant la mutilation de ces cartilages.

Il y a plus, c'est qu'on peut couper les cartilages arythénoïdes encore plus bas, tout près de leurs bases, en laissant intacte l'insertion des lames vocales sur les apophyses antérieures de ces cartilages; alors, si l'on rapproche les lames vocales au point de mettre en contact les tubercules arythénoïdiens, vous obtenez encore tous les sons aigus. Pour opérer ce rapprochement, il faut presser avec les doigts sur les arythénoïdes et fermer avec soin, avec ces mêmes doigts, l'ouverture formée par la section des cartilages arythénoïdes, ouverture qui établit communication avec l'intérieur du larynx, parce que, sans cette précaution, l'air poussé par l'aide s'échapperait sans frapper les lames vocales.

Les autres sons medium et graves s'obtiennent aussi, mais plus difficilement à cause des précautions à prendre pour bien fermer l'ouverture résultant de la section, tout en cherchant à placer convenablement les lèvres de l'anche en position nécessaire à ces sons.

J'ai répété plusieurs fois sur des chats et des chiens vivans les expériences que Bichat et M. Magendie ont faites. J'ai compris facilement pourquoi, sur les animaux vivans, la voix est nulle après la section en travers des cartilages arythénoïdes; c'est que, quoique le muscle arythénoïdien se contracte pour rapprocher ces cartilages, l'ouverture produite par cette section ne se ferme pas, et l'air expiré s'échappe avec un bruit sourd, mais sans mettre en vibration l'anche vocale, tandis que sur les larynx humains la phonation continue, parce qu'ainsi que je l'ai dit, mes doigts ferment la perforation.

Lorsque je fais des recherches sur un larynx, j'ai l'habitude de le soumettre à mes expériences pendant qu'il est intact; ensuite j'enlève l'épiglotte, les replis arythéno-épiglottiques, les muscles thyro-arythénoïdiens supérieurs, une portion même du cartilage thyroïde, portion que je coupe horizontalement au-dessus des muscles thyro-arythénoïdiens inférieurs; alors ce larynx ainsi dépouillé de tous ses accessoirs, réduit à sa plus grande simplicité me laisse voir très-facilement la glotte et les mouvemens que j'imprime aux lames vocales.

Bien souvent, en étudiant des larynx et voyant le sommet et les bords de l'épiglotte, les replis arythéno-épiglotiques et les sommets des cartilages arythénoïdes circonscrire entr'eux un espace variable dans sa forme et ses dimensions, je pensais qu'il était possible que des vibrations fussent données par ces parties. Nous avons déjà cité à ce sujet l'opinion de M. Savart, et nous avons promis de chercher jusqu'à quel point elle était fondée.

Eh bien! j'ai vingt fois essayé de faire produire des sons par ces parties à qui je donnais divers degrés de rapprochement; je dirigeai contre elles un courant d'air que je faisais varier dans sa force et sa rapidité, je n'ai jamais pu obtenir de sons, mais seulement une espèce de frôlement. Dans cette expérience, lorsqu'on abaisse l'épiglotte vers les cartilages arythénoïdes pour resserrer l'ouverture par laquelle on veut laisser échapper l'air, il faut prendre garde que ce fibro-cartilage n'embrasse les cartilages arythénoïdes et ne les rapproche, parce que, dans ce cas, on obtient des sons, mais qui sont produits par les lames vocales. Si l'on ne faisait pas attention, on pourrait faire erreur.

Dans cette même expérience, si je mets l'anche humaine en état de vibrer, j'obtiens la phonation ordinaire qui s'échappe plus ou moins sonore, plus ou moins étouffée, suivant que je ferme ou que j'élargis l'ouverture bornée par l'épiglotte, les replis arythéno-épiglottiques et les cartilages arythénoïdes.

L'isthme du gosier, c'est-à-dire l'ouverture formée endessus par le voile du palais ; sur les côtés, par ses piliers ; en-dessous, par la base de la langue, a-t-elle quelque action sur la modulation de la voix ? peut-elle, comme voulait l'établir Bennati, avoir la faculté de produire les notes sur-laryngiennes ou de second registre, appelées encore par quelques écrivaines voix de tête, par opposition aux autres qu'ils nomment voix de poitrine ?

Ici, je réponds négativement, et voici pourquoi :

Sur un cadavre frais, j'ai scié l'os maxillaire inférieur sur la symphise, afin d'avoir plus de facilité pour examiner le fond de la bouche. Après l'avoir soigneusement essuyé, avec des pinces j'ai rapproché puis éloigné en divers sens les parties qui forment cette ouverture; j'ai cherché à les faire vibrer par l'insufflation dans la trachée; je n'ai jamais pu obtenir même l'apparence d'un son.

Calculant que les pinces peut-être empêchaient les vibrations des parties sur lesquelles elles reposaient, j'ai fait l'expérience d'une autre manière.

J'ai placé un fil au travers des deux piliers du voile du palais de sorte que l'anse qu'ils représentaient se resserrait plus ou moins, et avec elle l'intervalle qui sépare ces piliers selon que je tirais sur les extrémités du fil ramené hors de la bouche; je poussais aussi la base de la langue en arrière; ainsi je faisais varier à mon gré l'ouverture gutturale.

L'aide poussait de l'air dans la trachée; cette colonne d'air se trouvait, selon mes désirs, plus ou moins arrêtée contre l'ouverture du gosier, mais aucun son ne se faisait entendre. Du reste, la plus simple inspection pouvait, d'avance, faire pressentir ce résultat, car ces parties sont évidemment trop mollement organisées, ne présentent pas assez de résistance pour vibrer.

Voulant savoir quelle influence elles pouvaient avoir sur le son produit à la glotte, j'ai fait une troisième expérience.

J'ai commencé par tirer du larynx un son que j'avais bien soin de reconnaître; ensuite je rapprochais, à divers degrés, les piliers stapylins, la base de la langue, même la luette que j'avais aussi traversée par un fil; alors, je faisais produire une deuxième fois le même son que j'avais noté; et après avoir, plusieurs fois, fait cette expérience, je me suis convaincu que cette ouverture gutturale ne faisait qu'étouffer, à divers degrés, le son produit à la glotte. Au premier moment, j'ai cru que le son s'élevait à mesure que je fermais l'isthme guttural ; mais, en recommençant souvent l'expérience, je suis arrivé à cette conviction que le timbre du son est changé par ce resserrement, que le son est voilé, obscur, mais que, dans un aucun cas, il n'est abaissé ou élevé. Vous produisez absolument le même effet lorsque, laissant échapper librement un son par la bouche, vous le recevez dans vos deux mains rassemblées au-devant d'elle et réunies de manière à former une cavité superposée aux lèvres.

Si vous rétrécissez l'ouverture antérieure formée par vos mains, vous rendez le son obscur ; il est altéré dans son timbre, mais la note reste la même ; il devient plus clair lorsque vous ouvrez davantage la cavité représentée par vos mains.

Quelle influence le pharynx ou plutôt le canal musculeux qui commence au larynx et finit à l'isthme du gosier, a-t-il sur la voix ? Pour chercher la solution de cette question, j'ai fait l'expérience suivante :

Sur un cadavre j'ai isolé le pharynx, je l'ai laissé intact et attaché, d'une part, à la base du crâne, de l'autre au larynx. En faisant produire une note à la glotte, j'allongeais ou raccourcissais le tube pharyngien, et dans tous les mouvemens qui faisaient varier cette longueur pharyngienne, la note n'était pas changée. Quelquefois la paroi postérieure du pharynx se repliait sur le larynx et gênait l'émission de la note, mais ce n'était là qu'un accident, qu'une faute dans l'expérience.

J'ai encore fait l'expérience d'une autre manière. J'ai enlevé un larynx frais, j'ai lié autour du cricoïde une petite vessie par une de ses extrémités ; j'avais rendu cette vessie souple en la mouillant légèrement; j'ai pratiqué une ouverture sur l'autre extémité de la vessie et j'ai fait souffler.

Une note étant produite par le rapprochement arythénoïdien, j'allongeais ou raccourcissais ma vessie, la note n'était pas changée.

Quand ma vessie s'affaissait et se mettait au-devant de la glotte, le mouvement que j'imprimais à cette vessie donnait un son brisé, une espèce de clapotement semblable à l'effet produit par l'agitation de la main devant la bouche pendant la phonation.

Le son, dans tous ces cas, change donc de timbre, de caractère, mais la note, musicalement parlant, reste la même.

Ainsi le tuyau sur-laryngien formé par les parties que nous venons d'examiner, n'a d'autre effet, ainsi que le dit M. Magendie, que de se mettre en harmonie avec le larynx, de favoriser la production des tons, de leur donner plus de rondeur, etc.

Une autre preuve que le tube sur-laryngien ne joue qu'un rôle très-secondaire dans la formation des notes, est donné par une expérience bien simple.

Abaissez le menton vers le sternum, faites porter votre menton par deux ou trois doigts qui, réunis, reposeront transversalement sur le sternum; ces doigts mesureront ainsi la distance qui sépare le menton du sternum, et vous avertiront si, par quelque mouvement involontaire, vous changez la position. — Chantez alors la gamme diatonique..... toutes les notes seront produites avec plus de difficulté, certainement, que lorsque toutes les parties coordonnent librement leurs mouvemens; mais enfin elles sortent assez claires et précises pour qu'on ne conserve aucun doute sur la possibilité de les produire sans changement bien sensible dans les dimensions du tube sur-laryngien (1).

Ce que j'ai dit du tube laryngien s'applique aussi à la trachée dont les changemens de dimension en longueur et largeur ne font ni monter ni descendre la note.

Voici l'expérience à l'appui de cette assertion; j'ai fait souffler dans la trachée en lui conservant toute sa longueur, d'autre fois en ne conservant que deux anneaux attachés au cricoïde, anneaux nécessaires pour recevoir la ligature destinée à fixer le tube.

J'ai ajusté plusieurs tubes les uns aux autres de manière à simuler une trachée longue d'un, deux et trois pieds. J'ai resserré soit avec mes doigts, soit avec des lacs la trachée, et l'insufflation opérée dans ces diverses tentatives m'a démontré que le son restait invariable dans tous les changemens donnés aux dimensions trachéales; seulement, plus je soufflais fort, plus le son était intense, et réciproquement.

Concluons donc que la trachée n'a d'autre effet sur la

(I) MM. les docteurs Diday et Pétrequin ont publié, cette année, sur la voix un Mémoire écrit avec beaucoup de talent. Ils expliquent que la voix de Duprez, notre célèbre chanteur, est une *nouvelle* voix, voix sombrée, dans laquelle le cartilage thyroïde reste immobile malgré les notes aiguës ou graves.

Mes recherches sur le larynx m'ont aussi clairement démontré que la glotte peut rigoureusement produire toutes les notes par les changemens seuls de ses dimensions. Mais les mouvemens en haut et en bas du thyroïde viennent puissamment en aide à la formation de ces notes, ainsi que je l'ai démontré dans l'exposition du mécanisme de la phonation.

phonation que de s'accommoder au volume d'air nécessaire à l'émission des sons. Pour les sons aigus qui demandent au courant d'air plus de force, elle est plus
longue et plus étroite que pour l'émission des sons graves.

De plus, dans ces divers essais, j'ai fait une observation qui n'est pas sans importance, c'est sur l'usage de
l'épiglotte dans la phonation. On se rapelle que M. Magendie, d'après des recherches faites par M. Grénié, a
émis l'opinion que l'épiglotte pouvait servir à enfler les
sons sans les élever. Pour m'en assurer, j'ai enlevé toute
l'épiglotte, j'ai fait souffler en augmentant graduellement la force du courant d'air; la note obtenue ne changeait nullement, elle s'enflait très-bien sous la force
plus grande de l'insufflation. L'épiglotte est donc inutile
au résultat qu'on lui supposait.

J'ai encore fait l'expérience d'une autre manière. Dans
ma musette, j'ai placé une anche au lieu ordinaire, j'ai
dirigé sur elle un courant d'air tour à tour fort, faible,
lent ou rapide. Le son qu'elle produisait s'enflait à volonté, et cependant il n'y avait point de lamelle au-
dessus de l'anche. La note ne changeait pas, elle variait
seulement de force, d'intensité, de sonorité, en un mot
elle était filée.

J'ai aussi remplacé, dans ma musette, l'anche ordinaire par une autre plus large ou plus étroite dans son
ouverture, l'intonation variait. Ce résultat est connu
depuis long-temps; mais un fait qui l'est moins, dont
j'ai trouvé aussi la démonstration, c'est qu'il faut que
les dimensions de l'anche soient en rapport avec le réservoir d'air et le corps de l'instrument, fait qui peut
nous expliquer la nécessité de la trachée de s'accommoder aux diverses ouvertures de l'anche humaine.

Nous devons conclure nécessairement que dans le larynx, la faculté attribuée à l'épiglotte n'existe pas.

Cependant je comprends que, dans une anche de nos instrumens, cette lamelle placée par M. Grenié puisse agir comme il le dit. Dans ces instrumens, lorsque nous voulons enfler la note, nous pressons involontairement plus fort avec nos lèvres sur l'anche ; cette pression inaperçue resserre l'anche et élève la note. La lamelle modifie peut-être cet effet. Mais dans le larynx, comme dans l'anche de ma musette, les dimensions de l'ouverture glottique ne changent pas sans la participation bien sentie de la volonté.

Outre les usages généralement attribués à l'épiglotte, elle a peut-être encore un autre mode d'action ; il est possible que la crête médiane qu'elle présente sur sa face inférieure vienne se placer au-dessus de la glotte et reproduire les sons *flûtés*. Cette idée est admissible lorsqu'on se rappelle l'effet produit par un corps tranchant placé perpendiculairement devant les lèvres rapprochées pour la formation du sifflet. On sait qu'alors les sons aigus du sifflet peuvent acquérir la douceur de ceux de la flûte.

Quoi qu'il en soit, il est certain que, par les muscles arythéno-épiglottiques, l'épiglotte pent s'abaisser sur le larynx. Ces muscles n'existent pas chez tous les individus ; ils ont donc quelques usages particuliers, mais non indispensables aux fonctions de la vie. S'il est vrai, comme quelques physologistes persistent à le penser, malgré les savantes recherches et les ingénieuses expériences de M. Magendie, s'il est vrai que l'épiglotte soit nécessaire à la facilité de la déglutition, les mouvemens en arrière de la langue au moment où s'opère cette déglutition, suffisent évidemment pour repousser le cartilage épiglottique sur la glotte. Les muscles arythéno-épiglottiques ont donc une autre destination.

J'ai remarqué de plus que les replis arythéno-épiglottiques n'ont pas, proportionnellement, la même longueur chez tous les sujets.

Ainsi, quelques larynx les présentent assez courts pour qu'en ouvrant fortement la glotte par la pression avec les doigts sur les muscles crico-arythénoïdiens postérieurs, ces ligamens agissent sur l'épiglotte qu'ils abaissent vers le larynx. Chez d'autres individus, ces mêmes replis sont absolument sans influence sur la position de l'épiglotte, quelleque soit la contraction des crico-arythénoïdiens postérieurs.

Je pense arriver un jour à donner à ce sujet quelques explications; mais je n'ai pas eu le temps de rassembler jusqu'a ce jour assez de faits ni d'expérimenter suffsamment. Je veux cependant rendre compte d'un effet bien évident produit par l'épiglotte.

Si l'on essaie de chevroter ou de faire un roulement avec une seule note, on sent manifestement l'épiglotte qui s'agite sur la glotte; si, sans produire de notes, on imprime par l'expiration un mouvement rapide à cette épiglotte, on entend un bruit sourd, un frôlement, une espèce de râle. C'est le même bruit qui a lieu dans l'action de ronfler. Si l'on inspire en tenant l'épiglotte rapprochée de la glotte, on entend aussi manifestement ce ronflement.

L'épiglotte peut donc servir à donner aux sons quelques caractères particuliers; mais il faut toujours que le son soit produit à la glotte; elle n'en peut donner aucun par elle-même.

Ce qui prouve que, dans le roulement et le chevrotè-
ment d'un son glottique, l'épiglotte est rapidement agitée sur le larynx, c'est que si l'on tire fortement en
avant la langue de manière à relever l'épiglotte, il devient impossible de produire les effets cités.

J'ai rencontré des épiglottes dont les formes variaient.
Ainsi, chez un vieillard, j'ai trouvé l'épiglotte presque
exactement ronde et découpée sur sa circonférence
comme une dentelle.

TIMBRE VOCAL.

Je ne rappellerai pas ici toutes les opinions émises
sur la cause du timbre de la voix; je veux seulement
exposer à ce sujet ce que mes recherches m'ont appris.

Ainsi, pour moi, il n'est pas douteux que le timbre
ne soit produit par la résonnance que prend le son en
frappant la voûte palatine et les anfractuosités nasales.

Voici une expérience facile à vérifier.

Sur des chiens vigoureux et sur plusieurs chats, j'ai
mis la glotte à nu pour étudier ses mouvemens. Une incision faite entre l'os hyoïde et le cartilage thyroïde,
ainsi que l'avaient déjà pratiqué Bichat et M. Magendie,
me donnait la facilité d'amener la glotte en avant, de la
faire saillir à travers la plaie et de la voir se fermer et
s'ouvrir.

Lorsque l'animal crie et que la glotte est hors de la
plaie, vous n'avez que le son que vous pouvez obtenir
sur le larynx de ce même animal, lorsqu'après l'avoir
tué, vous avez enlevé ce larynx et que vous l'expéri-
mentez par insufflation. Il y a vraiment dans ces deux
circonstances peu de différence. Sur l'animal vivant,

soumis à votre expérience, ramenez la glotte en position naturelle ; les cris qui s'échappent alors ont une sonorité bien intense. Pour que cet éclat dans les cris ait lieu, il n'est pas besoin de fermer la plaie ; quoiqu'elle reste ouverte, le son ne s'échappe pas par elle, il va frapper la voûte palatine et les fosses nasales, et résonne avec force.

Sur un cadavre, obtenez des sons d'un larynx en le faisant saillir par une incision faite aussi entre le thyroïde et l'hyoïde ; ils ne diffèrent en rien de ceux que vous obtenez lorsque le larynx est entièrement séparé du cadavre. Remettez le larynx en place, faites produire les mêmes sons que précédemment, ils présentent alors beaucoup plus de résonnance.

Qui ne connaît l'altération causée dans la voix par une perforation de la voûte palatine ou la présence d'un polype dans les fosses nasales ?

Sur un larynx détaché d'un cadavre fixez une vessie bien solidement sur le cricoïde, de manière à ce qu'elle représente le pharynx ; attachez l'autre extrémité de cette vessie autour du pavillon d'une clarinette, d'un haut-bois, etc. Les sons que vous donne la glotte ont alors une force bien plus grande que lorsque ce pavillon n'est pas ainsi placé de manière à vibrer sous l'impression des sons.

Mais le timbre n'est pas seulement produit par la résonnance des ondes sonores qui frappent la voûte palatine et les anfractuosités nasales ; il est bien certainement aussi lié à la grandeur, l'épaisseur des lames vocales, en un mot, à la structure entière du larynx.

NASILLEMENT DE LA VOIX.

Il est encore dans la voix un effet sur la cause duquel on n'est pas d'accord, c'est le nasillement de la voix.

Voici, pour moi, ce que j'ai observé. Pour que la voix ait toute son intensité, toute sa clarté, il faut qu'elle s'échappe librement par la bouche et les fosses nasales.

Si l'on ferme la bouche et qu'on force la voix à passer par les fosses nasales, elle devient sourde mais non pas nasillarde.

Le nasillement n'est produit que lorsque, dans son passage, la voix est interrompue par le voile du palais qui, se relevant, présente aux ondes sonores un corps mou, non élastique qui change alors le timbre vocal et lui donne ce caractère qu'on appelle nasillement.

Cette assertion me paraît démontrée: 1° parce que l'on peut nasiller sans fermer les narines, et en laissant la bouche ouverte; seulement il faut alors établir une contraction musculaire telle que le voile du palais soit relevé horizontalement de manière à ce qu'il soit percuté par la voix;

2° C'est que si vous fermez la bouche et que vous laissiez les narines ouvertes, il vous est impossible de produire le nasillement; la voix devient sourde, mais voilà tout. Si vous relevez le stapylum pour que la voix vienne se briser contre lui, vous ne pourrez plus faire entendre aucun son, parce que les fosses nasales, fermées postérieurement par ce voile qui s'applique sur elle comme une soupape, ne laissent point échapper d'air;

3° Chantez la bouche fermée, placez sous vos narines la flamme d'une bougie, elle est agitée par l'air qui sort; dans ce cas la chant est sourd, obscur, mais point nasillard, et cependant le son a traversé les fosses nasales.

Nasillez la bouche ouverte et les narines restant ouvertes aussi, le nasillement est moins sourd que lorsqu'on ferme les narines avec les doigts, mais il existe évidemment.... Eh! bien, alors, la flamme de la bougie placée sous les narines ne reçoit aucun ébranlement; placée sous la bouche elle est agitée.

La conclusion est facile.

Ces considérations ne seront pas, je l'espère, sans influence sur les améliorations dont nos instrumens sont susceptibles.

Tous les musiciens connaissent l'effet que produit sur la nature du son un petit verre appliqué contre la corde *sol* du violon, tout près du chevalet et reposant sur la table d'harmonie. Il rend le son *nasillard*. Il fait pour le violon ce que le voile du palais fait pour la voûte palatine. Les violonistes se servent de ce petit verre pour imiter avec leurs instrumens la voix du capucin, et l'illusion est bien remarquable. Ce verre ne fait que gêner les vibrations des cordes et de la table d'harmonie.

FAUSSET.

Dans le chant, il est des intervalles que la voix ne franchit qu'avec peine, que le chanteur fait entendre avec timidité, parce qu'il n'est pas toujours facile de les entonner avec justesse. Il faut au chanteur beaucoup d'art, beaucoup d'habitude pour franchir le passage d'une certaine note à une autre, et cette transition constitue précisément le fausset. L'explication que jusqu'à présent on a donné de ce caractère de la voix, de cette nouvelle physionomie dans le chant, ne me paraît point satisfaisante. Celle que je présente ici me semble facile à comprendre.

Supposons les notes de medium produites, le chanteur veut arriver à des notes plus aiguës, pour cela il met en contraction des muscles qui agissent sur les lames vocales de manière à former ces notes; supposons que l'action d'un muscle constricteur produise *ré*. Cette action, en devenant plus énergique, pourra rapprocher un peu plus les lames vocales et faire entendre *mi*.

Mais cette contraction forcée est inégale, peu sûre, incertaine; cette note *mi* sort mal formée sans netteté; qu'un autre muscle constricteur, plus fort, je veux dire mieux placé, plus apte à rapprocher davantage les lames vocales, à leur donner plus de tension, entre alors en contraction, saisisse l'air au passage et forme la note; alors une série ascendante peut être produite, série de notes successivement plus aiguës, formée avec beaucoup moins d'efforts, moins de difficultés

Voità, selon moi, tout le mystère du fausset; c'est la *transition de contraction d'un muscle à un autre* (1).

(I) Pendant l'impression de ce Mémoire, M. Garcia, professeur de chant au Conservatoire, a présenté à l'Académie des sciences un Mémoire *sur la voix humaine*, sur lequel M. Dutrochet, au nom de MM. Magendie et Savary, et en son nom, a fait un rapport dans la séance du 12 avril 1841. Tout ce que M. Dutrochet énonce sur la voix de poitrine et de fausset, toutes les observations de M. Garcia, confirment les assertions que j'ai déduites de mes recherches; mais aucune explication n'est présentée, j'espère que celle que j'ai donnée pourra sembler satisfaisante. Dans ce Mémoire se trouvent encore les expressions de voix de poitrine, voix de tête.... Je ne saurai trop le redire, li n'y a point de voix ni dans la poitrine, ni dans la tête; ces expressions sont vicieuses; le langage musical ne doit plus les adopter; si une dénomination différente est nécessaire pour peindre deux séries de notes, conservons les expressions de 1er et de 2e registre; elles suffiront pour désigner toutes les nuances d'intonation.

COROLLAIRES PHYSIOLOGIQUES ET PATHOLOGIQUES.

Les muscles thyro-arythénoïdiens ne vibrent jamais, mais seulement les lames vocales.

Lorsque ces muscles se contractent fortement pour former les sons aigus, ils pourraient plisser les lames vocales si, en même temps, les muscles hyo-thyroïdiens n'entraient en action, et ne donnaient ainsi de la tension à ces lames.

Quelques physiologistes demandent encore à quoi servent les ventricules ? M. Magendie l'a dit depuis longtemps; ils isolent les lames vocales pour faciliter leurs vibrations. — J'ajouterai que chez l'homme comme chez tous les animaux où ils existent, ils sont tapissés par des fibres musculaires, sans doute pour qu'ils aient la faculté d'expulser les mucosités ou les corps étrangers qui s'y logeraient.

Il faut très-peu d'efforts pour produire la phonation, c'est-à-dire pour mettre en vibration l'anche humaine. Elle devrait servir de modèle pour la construction des anches de nos instrumens. Ces dernières pourraient être plus souples, se rapprocher davantage, dans leur structure, dans la matière de leur composition, de la densité des lames vocales.

Pour voir facilement combien les lames vocales s'inclinent sur l'axe de la trachée, il faut examiner un larynx par sa partie inférieure.

Toutes les fois que la muqueuse qui couvre les lames glottiques est altérée, épaissie, ou simplement engorgée, la voix est changée, elle est moins claire, et ordinairement plus grave qu'à l'état normal; de nombreuses autopsies m'ont appris ce fait. Ces larynx ne valent rien pour l'expérimentation, ils ne peuvent donner les notes aiguës.

Une bronchite, une amygdalite, une stomatite, en d'autres termes, une inflammation de la muqueuse buccale, pharyngienne, trachéale et même nasale, se communique facilement au larynx. L'émission des sons, alors, est difficile, altérée.

La muqueuse glottique peut brusquement s'engorger, par exemple sous l'influence d'un refroidissement des pieds, d'une course contre la direction du vent, de l'insolation, etc. La voix est voilée; quelquefois, il y a danger imminent de suffocation. J'ai vu cette suffocation menacer les jours d'une femme de 35 ans, très-irritable, très-maigre, à la suite d'une application de sangsues que j'avais prescrite pour combattre une douleur de dents. Au lieu de placer les sangsues sous les angles maxillaires, la malade les laissa piquer sur la partie moyenne et antérieure du col; le sang coula peu. Quelques heures après, un gonflement considérable, une rougeur érysipélateuse se manifestèrent au col; la malade étouffait... la respiration était sibilante, la voix rauque.... Il y avait évidemment gonflement de la muqueuse glottique (1) qui s'engorge plus facilement qu'on ne croirait avant d'avoir observé les faits. Une forte saignée, des dérivatifs actifs sur les bras, de l'eau froide, acidulée sur le col et dans la bouche sauvèrent cette femme.

Les replis arythéno-épiglottiques s'engorgent souvent aussi; mais cet engorgement ne constitue pas un danger pressant, parce que l'ouverture comprise entre ces re-

(1) Angine laryngée, glottique des auteurs.

plis est bien plus grande que celle que bornent les lames vocales. Ces replis présentent un tissu très-mou, très-lâche chez la plupart des individus qui meurent infiltrés, hydropiques, ils sont boursouflés, gonflés par une infiltration séreuse; et néanmoins pendant la vie, la respiration n'était pas gênée par ce gonflement.

J'ai vu un larynx dont la muqueuse était d'une couleur grise, ardoisée, d'une odeur fétide, gangreneuse. Il appartenait à un homme âgé qui venait de succomber avec un abcès sous le menton.

Lorsque dans les spasmes du larynx il y a *aphonie*, c'est que les muscles dilatateurs, convulsés, ont ouvert la glotte au point de ne plus permettre aux lames vocales de recevoir le choc de l'impulsion de l'air.

Quelquefois, ce sont les muscles constricteurs qui présentent un état spasmodique; alors il y a sensation d'une boule qui étouffe, telle dans l'*hystérie* (1).

La mue de la voix qui survient à la puberté n'est autre chose que l'engorgement des lames vocales déterminé par une nutrition plus active, par un nouveau travail d'organisation. La puberté, du reste, n'appose pas son cachet seulement sur le larynx, puisque le corps entier présente, à cette époque, un développement rapide, que tous les tissus sont plus injectés, plus stimulés, plus nourris. Pendant la mue de la voix, il est facile de comprendre que le repos de la glotte est nécessaire, c'est-à-dire la cessation du chant, parce qu'en effet, il serait dangereux d'augmenter une stimulation déjà fort

(I) J'ai expliqué, dans plusieurs Mémoires publiés sur la rage, le rôle que joue la glotte dans la mort des individus atteints de cette maladie.

active; ensuite parce que l'étude du chant donnerait des résultats infidèles qui tromperaient pour l'avenir. Lors même que l'hygiène ne donnerait pas le conseil du repos, la nature indique assez qu'il est convenable puisqu'alors les notes sont voilées, sans harmonie et difficiles à former.

Lorsqu'il y a altération dans la voix, difficulté subite de chanter juste, elles peuvent encore être produites par l'innervation trop forte ou trop faible qui fait contracter les muscles phonateurs d'une manière anormale. — Il y a *sthénie* ou bien *asthénie*.

Les indications du traitement sont faciles; je n'entends nullement parler ici de ces maladies de longue durée, profondes, qui désorganisent le larynx.

Pour appuyer sa doctrine vocale, *Bennati* cite deux faits très-intéressans, mais dont l'explication ne me paraît par rationnelle.

« 1º Celui d'un prince qui avait un abcès à la région « tonsillaire qu'on ne pouvait apercevoir malgré l'em- « ploi de tous les moyens usités en pareil cas. Le docteur « Koreff engagea son malade à chanter la note la plus « aiguë qu'il pouvait fournir. L'abcès alors devint visible, fut cautérisé et guéri. »

L'explication que je propose est bien simple. Si l'on se rapelle ce que j'ai dit, dans le cours de ce Mémoire, sur la manière dont la formation des notes aiguës soulève la glotte, sur le courant d'air qui est plus rapide alors puisque la glotte est plus étroite, on comprendra sans peine que la tonsille malade a dû être projetée légèrement en avant par le procédé M. Koreff.

2ᵉ fait. — « Le comte *Fédrigotti* était grand amateur « de chant, mais ne pouvait tirer parti de toutes ses

« ressources ; il se fit extirper par un chirurgien célèbre
« les deux tiers de chacune des tonsilles ; sa voix alors
« acquit un timbre plus clair, gagna quelques notes, etc. »
Qu'en conclure ? sinon que la section faite sur les amyg-
dales trop volumineuses a opéré un dégorgement qui s'est
étendu aux lames vocales, dont les vibrations sont ainsi
devenues plus faciles, plus nettes.

DU LARYNX CHEZ QUELQUES MAMMIFÈRES.

Chiens.

L'épiglotte est triangulaire, ne présente point sur sa
face inférieure de crête longitudinale ; cette face inférieure est presque plane.

Les cartilages arythénoïdes sont beaucoup moins
élevés que ceux de l'homme, placés presque parallèlement l'un à l'autre, beaucoup plus allongés d'avant en
arrière que chez l'homme ; leur extrémité supérieure est
fortement recourbée en arrière en forme d'arc de cercle.
Ils se bifurquent antérieurement pour se continuer avec
les muscles thyro-arythénoïdiens supérieurs et inférieurs,
de telle manière que le contour postérieur des ventricules est tout-à-fait cartilagineux.

On voit évidemment des fibres musculaires dans les
replis glottiques supérieurs ; elles constituent donc aussi
le muscle thyro-arythénoïdien supérieur. Ce muscle est
situé plus en dehors de l'axe de la trachée que le thyro-
arythénoïdien inférieur. Les rubans vocaux sont proportionnellement plus épais que ceux de l'homme ; la trachée, aussi, beaucoup plus large.

Les ventricules sont profonds, fortement musculeux.

De chaque côté de la ligne médiane de l'épiglotte partent des fibres musculaires qui vont s'attacher aux grandes cornes de l'os hyoïde.

Les cartilages corniculés de *Santorini*, dans beaucoup de larynx, n'existent pas ; dans quelques autres ils sont apparens, mais faiblement, à l'état rudimentaire ; ils ne paraissent que comme une indication. Ils sont situés sur les arythénoïdes, mais plus en dehors qu'eux.

La glotte est ovalaire. Les muscles crico-arythénoïdiens postérieurs sont implantés sur les arythénoïdes, de telle sorte que leur contraction dilate largement la glotte, en agissant précisément sur le milieu de chaque lame vocale de telle sorte que la forme ovalaire de l'anche se prononce fortement.

Sur les chiens vivans, lorsqu'on coupe les replis glottiques supérieurs, la voix n'est pas changée.

Lorsqu'on a amené la glotte dans l'incision faite entre l'hyoïde et le thyroïde, on voit facilement les cartilages arythénoïdes s'éloigner l'un de l'autre dans l'inspiration et se rapprocher dans l'expiration.

Lorsque l'animal crie on voit ces cartilages présenter une agitation, un frémissement, une mobilité rapide ; on dirait qu'ils vibrent.... et cependant il n'en est rien, puisqu'on peut les serrer légèrement avec les doigts et que les sons continuent ; on les coupe aussi sans altérer la voix. En pressant le thyroïde latéralement on fait crier l'animal en sons aigus ; en le serrant d'avant en arrière, on obtient des sons graves.

Cette section entre l'hyoïde et le thyroïde est facile à faire, surtout si l'on fait reposer la partie postérieure du col sur un billot qui rend convexe la partie antérieure. Le sang qui coule en abondance gêne beaucoup ; l'animal,

4

dans ses cris, le pousse à la figure, dans les yeux de l'expérimentateur; il tombe dans la trachée et gêne l'expérience. J'ai essayé quelquefois de lier quelques vaisseaux: c'est difficile; le sang coule en nappe au milieu des cris. La cautérisation avec le fer rouge ne l'arrête pas toujours. Ce qui m'a réussi le mieux, c'est la torsion des petits vaisseaux qu'on peut apercevoir ou le mâchement avec des pinces fortes, une sorte d'attrition, de broie-des lèvres de la plaie. J'ai trouvé quelques chiens où cette section faisait couler très-peu de sang, c'était surtout ceux qui ne poussaient pas de cris.

Les notes que je viens de présenter sur le larynx des chiens sont extraites de toutes celles que j'ai l'habitude de prendre aussitôt après une vivisection et une autopsie cadavérique. Je crois convenable de ne donner ici, sur l'organisation laryngienne des animaux, qu'une courte description des parties qui sont les plus importantes ou les plus remarquables. Je craindrais, en faisant autrement, de tomber dans des longueurs fastidieuses.

Larynx du Chat.

J'étais bien empressé d'ouvrir, d'examiner des larynx de chats. Leurs cris, qui, dans le moment du rut, se rapprochent si bien de ceux des enfans, qui parcourent aussi par saccades des notes graves et aiguës, me faisaient penser que l'étude de l'organe phonateur devait, chez eux, offrir beaucoup d'intérêt. Mais ces animaux ne sont pas faciles à manier; pour les contenir, j'ai fait fabriquer, en bois, un appareil qui me permet de lier solidement les quatre pattes et d'élever, selon le besoin, la partie antérieure du col, de manière à faire saillir en convexité sa partie moyenne.

J'en ai mis à mort un assez grand nombre ; j'ai ouvert aussi beaucoup de chiens, et je dois prévenir que les détails dans lesquels j'entre ne se rapportent pas à un seul de ces animaux, mais à l'organisation que j'ai vu exister dans la majorité des cas.

Dans le chat, l'épiglotte présente à sa face inférieure une crête à peine apparente.

Les replis muqueux arythéno-épiglottiques contiennent un faisceau musculeux fort, mais qui, au lieu de s'attacher au sommet du cartilage arythénoïde comme chez l'homme, descend se fixer sur la partie postérieure et snpérieure du cartilage cricoïde, à coté de l'articulation crico-arythénoïdienne.

Les cartilages arythénoïdes ne présentent point de tubercules de Santorini.

Les ligamens supérieurs de la glotte sont plus déjetés en dehors que chez l'homme.

Les ventricules sont proportionnellement moins profonds que ceux de l'homme ; ils paraissent plutôt triangulaires qu'ovalaires, la base tournée en avant contre le thyroïde et le sommet en arrière.

Les cartilages arythénoïdes présentent à leur sommet une disposition très-remarquable ; ce sommet est un bord courbé en arc de cercle ⌒, la convexité est en haut ; la partie postérieure de ce bord convexe est plus rapprochée de celle du côté opposé qu'antérieurement. Entre cette partie postérieure des deux bords supérieurs des cartilages arythénoïdes et le bord supérieur du muscle arythénoïdien, il existe un petit intervalle curviligne presqu'ovale. Cet intervalle est absolument une gouttière arrondie qui se confond plus bas et antérieurement avec la glotte. La description peut difficilement en donner une idée exacte. J'ai voulu en présenter un dessin, de même que celui de glotte humaine en diverses positions. Mon peintre s'est mal tiré de sa mission : ces dessins sont tels qu'on ne les comprend pas suffisamment ; ils sont inexacts, j'ai dû y renoncer.

La glotte présente une disposition remarquable. Lorsqu'on l'examine abandonnée à elle-même , on la voit plus étroite antérieurement que postérieurement, mais affectant une forme ovale irrégulière ; en effet elle présente un angle aigu antérieurement et un angle arrondi postérieurement ; elle est plus large dans son milieu qu'à ses extrémités.

Il est évident que les ligamens supérieurs de la glotte sont trop en dehors du courant d'air pour en recevoir le choc et pouvoir vibrer. Lorsqu'on presse sur les muscles crico thyroïdiens postérieurs , la glotte est largement ouverte et devient vraiment piriforme.

Quand on rapproche fortement les cartilages arythénoïdes , le tiers antérieur de la glotte se trouve fermé, il y a même à ce tiers antérieur, dans chaque lèvre de la glotte, un petit point légèrement saillant qui se met de suite en contact, comme il arrive chez l'homme , au tiers postérieur ou à la moitié des lames vocales.

Larynx du Renard.

L'épiglotte est semblable à un cœur de carte, point de crête à sa face inférieure. La pointe se relève en haut et en arrière. La glotte est triangulaire, sommet en avant contre le thyroïde ; arythénoïdes petits , peu élevés comme chez le chien ; les muscles arythénoïdiens très-prononcés se voient très-bien, ils sont insérés sur le cricoïde, à la partie postérieure, sur la portion moyenne qui s'élève plus que chez l'homme.

Les muscles sont très-prononcés, les lames glottiques sont presque tranchantes au bord libre, elles sont moins fortes, moins épaisses que celles du chien ; elles vibrent très-facilement. Ventricules bien prononcés. La glotte ressemble beaucoup à celle du chien.

Les lames ou ligamens glottiques supérieurs n'existent qu'à l'état rudimentaire, c'est-à-dire qu'ils ne semblent formés que par un repli de l'épiglotte.

Cette épiglotte se continue avec les arythénoïdes par un bord bien tranché, blanc, évidemment fibro-cartilagineux.

Larynx du Mouton, Bouc, Chèvre.

Je réunis ces trois larynx dans le même article parce qu'ils se ressemblent beaucoup.

L'épiglotte est triangulaire, tout-à-fait plane à sa face inférieure.

Cartilages arythénoïdes recourbés en arrière de telle manière que le bord postérieure est concave, représentant par cette concavité la moitié d'un cercle. L'extrémité postérieure de ces cartilages est très-mobile ; la face interne, tournée directement l'une vers l'autre, est très-large, absolument de même tissu que celui de l'épiglotte. La base de ces cartilages présente, comme chez l'homme, une apophyse antérieure et une postérieure.

Dans la chèvre, les cartilages arythénoïdes sont surmontés d'un cartilage en tout semblable à l'épiglotte. Ce cartilage, réuni par une substance très-dense à celui du côté opposé, forme une gouttière presque aussi large que l'épiglotte, concave supérieurement.

Les muscles sont forts, bien prononcés. Le crico-arythénoïdien latéral est bien détaché du thyro-arythénoïdien.

Au-dessus des lames thyro-arythénoïdiennes il n'existe pas de ventricule; il n'est indiqué que par une excavation très-légère, et cependant les lames sont assez isolées pour vibrer. Ces lames sont molles et peuvent acquérir beaucoup de tension et présenter un grand relâchement.

Les muscles thyro-arythénoïdiens supérieurs n'existent pas.

Les thyro-arythénoïdiens inférieurs sont très-épais, très-puissans; ils sont surmontés par des fibres aponévrotiques, tendineuses, constituant les lames vocales et vibrant facilement sous le souffle de l'aide ou de ma musette.

Ce qu'il y de plus remarquable dans ces larynx, c'est une saillie que fait inférieuremet le cartilage arythénoïde; à la partie antérieure de cette saillie s'attache l'extrémité postérieure du muscle thyro-arythénoïdien, et derrière cette saillie se trouve creusé, aux dépens du cricoïde, une excavation assez profonde dans laquelle l'extrémité inférieure de l'arythénoïde est mobile.

Bœuf.

La glotte, les cartilages arythénoïdes ressemblent beaucoup à ceux du mouton et de la chèvre.

Le muscle arythénoïdien est composé de fibres parallèles étendues d'un cartilage arythénoïde à l'autre; on ne voit pas de fibres obliques. Le muscle crico-arythénoïdien latéral est tout-à-fait séparé du thyro-arythénoïdien. Le muscle arythéno-épiglottique est très-fort, très-facile à disséquer.

Le muscle thyro-àrythénoïdien est très-épais, beaucoup plus large antérieurement que postérieurement, triangulaire, base en avant, sommet postérieur. Les lames vibratiles , thyro-arythénoïdiennes inférieures , correspondent à la partie tout-à-fait inférieure du cartilage thyroïde. Elles sont beaucoup plus épaisses que chez l'homme , mais moins denses, moins aponévrotiques, d'un aspect moins nacré, moins tendineux que chez l'homme : plus en arrière que ces lames, se voit la face interne du cartilage cricoïde qui est profondément excavé. Il n'existe point de ventricules au-dessus des lames glottiques, qui cependant sont isolées et font une saillie suffisante pour vibrer facilement.

Point de ligament supérieur de la glotte ; au lieu des ventricules, il se trouve une légère dépression au-dessus des lames vibratiles.

J'ai expérimenté tous ces larynx par l'insufflation opérée par la bouche d'un aide vigoureux et par le réservoir de ma musette.

Il faut rapprocher les arythénoïdes et donner une légère tension aux lames vocales en tirant sur le tyroïde ; alors, fait bien remarquable, c'est qu'on retrouve sur chaque animal le caractère du cri qui appartient à son espèce.

Pour obtenir des sons de la glotte d'un bœuf, la bouche d'un aide est impuissante. Il a fallu remplir fortement d'air le réservoir de ma musette, et encore plus d'une fois, la colonne d'air s'échappait sans production de sons : nouvelle preuve de la nécessité d'une proportion entre les puissances d'expiration et la résistance, les dimensions de l'ouverture glottique.

J'étais venu à bout de me procurer un larynx de loup. Lorsque je l'ai reçu , il était entièrement putréfié ; je n'ai pu le disséquer.

J'ai étendu mes recherches aux larynx des oiseaux

chanteurs. Ainsi , j'en ai disséqué plusieurs appartenant à des rossignols et à des canaris mâles. J'ai d'abord cherché le larynx inférieur que beaucoup d'auteurs admettent dans les oiseaux chanteurs; je n'en ai jamais aperçu. On trouve bien à la réunion des bronches un renflement cartilagineux; mais ce renflement n'est rien autre que le premier anneau de la trachée plus large, plus saillant que les autres, auquel viennent se réunir les bronches.

La glotte est placée chez tous les oiseaux au lieu ordinaire, seulement elle paraît plus basse parce que les cornes de l'hyoïde sont très-allongées, et que le larynx peut monter et descendre beaucoup par la grande mobilité, la grande contractilité du tube sur-laryngien.

La glotte, dans le canari, comme dans le rossignol, présente deux petits cartilages allongés, libres dans la moitié de leur étendue, réunis postérieurement par un muscle arythénoïdien. Leur partie antérieure libre circonscrit un petit espace demi-ovalaire complété en ovale entier par des fibres musculaires. La description ne saurait en donner une idée exacte; mais on voit, au premier coup-d'œil, que cette glotte est merveilleusement disposée pour s'ouvrir largement et se resserrer beaucoup, et produire des sons admirables. Cependant il n'existe aucun ventricule; mais les lames glottiques sont assez isolées pour vibrer.

J'ai ouvert les larynx des oiseaux criards, tels que le geai, la pie. Toujours point de larynx inférieur, toujours dans la glotte disposition analogue à celle que je viens de décrire.

Pour bien étudier sur l'homme les vibrations des lèvres glottiques, j'ai fait construire un stéthoscope courbé de telle façon qu'appliqué sur mon oreille il vienne reposer, par l'autre extrémité taillée en cône, sur le thyroïde. J'avais pour but d'étudier sur moi-même les vibrations des lames vocales dans tous les tons du chant, et dans un effet de la voix qui étonne et qu'on n'a pas encore bien expliqué; je veux parler de l'*engastrimisme* ou *ventriloquie*. Le stéthoscope ordinaire ne peut remplacer celui que j'ai imaginé, parce que jamais un aide n'est assez patient pour prêter son larynx à toutes les recherches nécessaires; il faut vraiment, pour opérer avec succès, agir soi-même, sur son cartilage thyroïde, avec l'instrument recourbé dont je parle.

Cet instrument a coûté beaucoup de temps, beaucoup de tâtonnemens aux ouvriers de la ville que j'habite. L'un d'eux vient seulement de m'en remettre un. Je vais m'en servir pour compléter des recherches que j'ai commencées sur plusieurs ventriloques et sur moi-même qui suis parvenu à parler aussi un peu en *ventriloque*.

Lorsque j'aurai rassemblé assez de données, que j'aurai obtenu quelques résultats certains, je m'empresserai de les publier.

Je termine en exposant, ici, quelques expériences que j'ai faites pour construire une glotte artificielle, semblable à celle de l'homme.

J'ai essayé avec des lamelles de cuivre, de corne, de peau, de baleine; il me fallait la souplesse des lames vocales, leur élasticité et leur forme afin d'obtenir leur mode d'action, et démontrer ainsi mécaniquement, par ce procédé artificiel, la vérité de ma doctrine de phonation. On devine que je n'ai pu y parvenir, et je n'ai pu trouver de mécanicien assez adroit pour m'aider.

Je cite ces efforts faits, parce qu'ils pourront guider

ceux qui seraient tentés d'imiter ces recherches ou plutôt de les poursuivre.

La seule matière qui m'ait donné quelques sons, c'est le parchemin. En mouillant légèrement un morceau de parchemin pour le ramollir, en repliant ce parchemin sur lui-même, vous obtenez l'épaisseur des lames vocales ; au-dessus d'un roseau taillé en biseau et en demi-cercle à l'une de ses extrémités, tendez plus ou moins deux parties de parchemin préparé comme je l'ai dit ; arrangez ces deux parties de manière à ce qu'elles circonscrivent entr'elles un petit espace elliptique analogue à la glotte ; faites souffler par l'autre extrémité du roseau, vous obtiendrez ainsi quelquefois des vibrations qui vous donnent quelques sons, mais obscurs, bien vagues ; le caoutchout pourrait encore être essayé.

FIN.